U0325615

# The Characteristics of Architecture

# 建筑的性格

简照玲　著/摄

東方出版中心

图书在版编目（CIP）数据

建筑的性格 / 简照玲著摄. -- 上海 ：东方出版中心，2018.5

ISBN 978-7-5473-1265-0

Ⅰ.①建… Ⅱ. ①简… Ⅲ.①建筑艺术－普及读物
Ⅳ.①TU-8

中国版本图书馆CIP数据核字(2018)第059101号

上海市版权局著作权合同登记:图字09-2018-309号



策　　划　戴欣倍
责任编辑　戴欣倍
　　　　　李梦溪
整体设计　原点出版
排版制作　钟　颖
责任印制　周　勇

建筑的性格

出版发行：东方出版中心
地　　址：上海市仙霞路345号
电　　话：021-62417400
邮政编码：200336
经　　销：全国新华书店
印　　刷：杭州日报报业集团盛元印务有限公司
开　　本：787 × 1092 毫米 1/16
印　　张：17.25
版　　次：2018年5月第1版第1次印刷
ISBN 978-7-5473-1265-0
定　　价：95.00元


东方出版中心邮购部　电话：021-52069798

目次

# 推荐序（简体版）

19位建筑师，34件建筑作品
简照玲以专业的建筑摄影师的视角，
给读者提供一种看建筑的方式。
有不一样的感受，不一样的评论，
既感性，又悟性，且真诚。

建筑是多元的，按照本书作者简照玲的观点，当代建筑的特征是由当代建筑师迥异的性格所决定的。作者认为建筑师的性格决定了当代建筑的轮廓、意象、生命和境界，从物性、感性、理性、觉性和灵性这五方面来分析建筑和建筑师，既是建筑和建筑师的性格、情绪，也是境界。材料形成物性，材质和空间使人们得以体验隐藏在表皮后面的美。建筑是人的延伸，建筑表现设计和使用建筑的人的感情，建筑启迪感性。建筑必定是功能的，合理的，安全的，有形的，也就是理性的。建筑的美是复杂的美，需要觉性的锤炼。简约、质朴、自然构成建筑的灵性。这些境界不涉及审美层次的高低，而是相互渗透，相互映衬的，简照玲将这些建筑分别归入五种境界进行分析，告诉人们怎样才能领悟建筑的境界。

中国古代的文学评论认为“文如其人”，作者反其道改为“人如建筑”，从现象学的理论来看，透过现象看本质，这当然是对的。建筑师的个性和气质在很大程度上影响他们的创造性，在某种程度上甚至可以说，个性和气质推动了建筑师的创造性。英国建筑师诺曼·福斯特（Norman Foster）的作品表现了高科技，他喜欢模型，尤其钟情飞机和火车模型，少年时代曾经将零用钱都花在购买装配式模型上，直至今天，他仍然喜欢骑自行车，跑马拉松。

本书介绍了世界上19位建筑师的34件作品和他们的思想，其中有12位曾经获得普利兹克建筑奖，他们代表了20世纪和21世纪世界建筑的一部分最高成就。严格说，这19位并不都是建筑师，设计了上海2010年世博会英国馆的托马斯·赫斯维克（Thomas Heatherwick）主要是设计师，而不是传统意义上的建筑师。作者认为上海世博会英国馆的美是一种有难度的美，赫斯维克的设计需要转化成建筑语言才能成为建筑。

古罗马的维特鲁威（Vitruvius）指出：“世间万物，尤其是建筑，可分为两大类，被赋予意义者以及赋予意义者。”这些当代大师的作品具有批判性，作品属于赋予意义者。书中介绍的建筑师们的作品是多元的，他们所从事的设计领域也是多元的。日本建筑师伊东丰雄（Toyo Ito）撰写过许多建筑论著，他探索了“变形体”“柔软包覆身体的建筑”“半透明的皮膜所包覆的空间”“溶融状态的建筑”“动态建筑”等。伊东丰雄也做过雕塑和装置艺术，他设计的许多作品的纯净的造型犹如雕塑，他在2005年台中歌剧院设计竞赛中的获胜方案是一个长方体，有着连续的无限空间，其开放的网格状结构和孔洞有声学的作用。伊东丰雄认为："建筑师的范畴已经扩展，我发现自己从事许多领域的工作，当然有建筑，也包括城市规划、展示设计、家具设计和产品设计。我也撰写建筑思想和建筑批评。尽管如此，我把自己称作建筑师。"许多获得普利兹克建筑奖的建筑师大都为意大利的阿莱西（Alessi）设计钟表、器皿和用具等。许多建筑师也将创作拓展到一些与设计相关甚至无关的领域，扎哈·哈迪德（Zaha Hadid）在2005年为埃斯塔布里希德父子公司（Established&Sons）设计的用有机硅树脂制作的餐桌售价高达2万美元。她为2006年米兰家具展设计了厨房家具，为意大利B&B品牌设计了月光系列（Moon System）的家具参加2007年的米兰设计展，2008年设计了香奈儿流动艺术展览馆，之后又为梅莉莎（Melissa）和法国的鳄鱼公司（LACOSTE）设计鞋子。扎哈喜欢说："我不喜欢标致的建筑——我不喜欢。我喜欢的建筑是质朴的、生机勃勃的、粗陋的。"

建筑艺术的创造从本质上说，是建筑师从构思某个方案开始到绘成施工图纸，然后施工建造、使用与完善的设计过程，在有些情况下，只是设计构思及方案的过程。然而这个过程在实质上是开放的，是不断丰富与完善的过程，又是在历史的演变中，不断添加，不断积淀的过程。按照德国哲学家康德的观点，创造美的艺术需要人的天才，一种操控物质材料的特殊能力，由此创造出机能的和谐，并使观众产生一种有距离的享受，这种美实际上是由建筑师和欣赏建筑的人们共同创造的。

台湾的李清志、阮庆岳先生写过不少雅俗共赏的建筑书，与其说简照玲是专业的建筑摄影师，毋宁说是建筑艺术家，因此她有不一样的感受，不一样的评论，并提供一种看建筑的方式，既感性，又悟性，且真诚。简照玲选择什么样的建筑来介绍是她经过十年的积累，从无数建筑中加以筛选的结果。这既是作者的心灵感受，也需要读者的共鸣。

郑时龄

中国科学院院士/同济大学教授

# 推荐序（繁体版）

走遍全球上百个城市，
简照玲义无反顾地投入人生黄金十年，
以严谨的标准、用专业影像，
记录近千件建筑经典，
开启台湾阅读世界当代建筑之窗。

2002年仲夏偶然的机会，台湾有一群建筑同好者开始探访世界当代建筑。这一个偶发的机缘，让台湾建筑摄影专业者简照玲义无反顾地投入人生黄金十年，开启台湾阅读世界当代建筑之窗。走遍全球上百个城市，照玲总是以严谨的标准、用专业影像，记录近千件建筑经典，旅行中却以轻松的生活方式与同行伙伴分享人生经验。

一位长年用镜头细腻记录环境与建筑的专业者，当她将影像透过网络分享给建筑爱好者时成立了建筑博览电子杂志社；以一个人的坚持与热忱维续十多年的理想，在网络上创造了海峡两岸超高人气的浏览量。为了让建筑博览的影像质量如同日本专业建筑杂志《GA DOCUMENT》，并保持多元价值与丰富案例的提供，照玲十年来无数次世界当代建筑之旅，终于累积出虚拟网站以外的实体出版物《人如建筑，当代建筑的性格》。

《人如建筑，当代建筑的性格》是一本极为特殊的建筑经典，作者以人生经验的物性、感性、理性、觉性、灵性等5种性格，对应19位当代建筑大师最具代表性的34件作品。读者可以从欣赏作者提供的无可挑剔的影像中，直接体验感受当代建筑之美；也可以深入阅读19位当代建筑大师的创作意念与建筑多元观点；最难得的5种性格的分类，将建筑升华至哲学观点论证。3种阅读的轴向各异其趣，传达的建筑价值适得其所。

弗里德里希·谢林（Wilhelm Joseph Schelling）在《艺术的哲学》里说：建筑是凝固的音乐（Architecture is frozen music）；另外也有人说：建筑是一首哲理诗，这都说明了建筑的特性。建筑是文化的综合展现，其中蕴含了丰富的意义。由建筑经典案例的影像呈现与文字说明，体验建筑外在形式上的美感经验，并进一步理解历史进程的资产累积、人类文明的人文、艺术和科技的成就等方面的丰富意义，《人如建筑，当代建筑的性格》开启了台湾阅读世界当代建筑之窗。

张基义
台湾省台东县副县长/台湾交通大学建筑所教授

# 自序

看建筑不需太用力，
用真心去看，用童心去看，用心眼去看，
就能真正照见。

夏日的黄昏，走在北艺大校园里，看见一个小女孩手指着前方草皮说："爸爸，看，好多小鸟耶！"，爸爸说："哪里是小鸟？只是一堆白白的东西。"究竟是什么？上前看立牌上写着，是黎志文的"白鹭鸶"雕塑。艺术家透过可见的、近乎腐朽且不起眼的漂流木，将不可见的心灵讯号传递给心领神会的人。小女孩天真无邪，不受世俗牵绊，心灵尚未被成堆的知识、教条和规矩给掩盖住，因此能接收艺术家给予的讯息，而爸爸就不行了。

建筑不是雕塑，但建筑所显现的无论是外观或空间，都有机会和雕塑一样与人的心灵相交会，就看设计者传递些什么讯息，也看用户能否接收。这些讯息包括物性、感性、理性、觉性、灵性、性灵等多种层次，这是从我的哲学老师，同时也是教我气功和功夫多年的钟国强先生那里得知的，明白它和人的质有关，也知道不是每个人都完整具备这六种层次，有些人多，有些人少。

不同人对房子有不同的需求，有人只要能遮风蔽雨就行，有人希望能安顿身心。遮风蔽雨的房子用不着建筑师来设计，建筑师要设计的是能让人身心安顿的房子，当然，若能将人的居住生活品质带往更高层次更是理想。只不过，安身容易，安心难；身看得见，心看不见；身容易掌控，心不容易；更别提说不明白的觉性和触摸不着的灵性、性灵了。

有些人重物性，有些人较感性，有些人很理性，当然也有人是理性、感性兼具的，还有人是超越感性和理性，多了觉性与灵性而有完整的性灵。物性、感性、理性属基本层次，多数人含有这些质，而觉性、灵性、性灵属超越性层次的质，不是人人都有。这些本质层次无好坏之分，无优劣之别，理性没有胜于感性，反之亦然。但拥有的层次愈多，确实会让人接触愈多元、接纳愈多元，呈现也愈多元，因而与众有别，各适其性，又和而不同。

对建筑师来说，接触多元，一花一石都是灵感的来源。每个物质都会发出讯号，雕塑家接收了漂流木发出的讯号，并将它转成一种讯息等待有缘人来接收。建筑也一样，木头有木头的讯号，砖头有砖头的讯号，石块、混凝土、玻璃、钢铁、亚克力皆有其讯号，如果建筑师接收不到这些讯号，或不能精准掌握这些讯号，勉强用了它也会用不好。当建筑师接收讯号的能力愈强，可用的资源就愈多，灵感也会源源不断。

对一般人来说，接触多元，生活就不会太枯燥乏味。同样一扇窗，有人只在下雨时才看它两眼，看雨是否会飘进屋里；有人能接收建筑师预先注入在上面的讯息，不时地朝它望两下，窗外的朝阳落日、天色变化、风光云影、美丽景致无形中就进了屋内，让人时时都有好心情。同一个屋檐下，有人看书、听音乐、欣赏美景，日子过得惬意；有人只会呆坐在门口，盼着家人早点回来，心里始终焦虑。好的建筑也要有频率相近的用户，才能彰显其价值。

接纳多元，了解不同特质的人的需求，建筑师就不会固执己见，能和业主有良好的沟通。虽然自己偏好理性设计，但并不排斥业主的感性需求，因对物性的掌控能力强，再加上有良好的觉知能力，能找出业主需求的虚幻处和矛盾点，并理清业主的真正需求再加以讨论，最终的提案也许不是业主原先想要的，却能让业主欣然接受，而又坚守了个人的专业品质。

一般人虽不如建筑师了解建筑，但只要接纳多元，心里不急着排斥，就有机会打开眼界，知道好的空间品质、好的生活环境究竟为何。看到歪斜的房子，先不要觉得它怪，走过去体验体验再说。听到所谓的“豪宅”，也不要立刻将它和“好宅”画上等号，仔细瞧瞧，也许什么都不是，只是贵而已。当设计师提出建议，不要只想到人家要赚你的钱，而对所提的材质、色彩、外形、空间一点感觉都没有。

懂得观察和欣赏，才看得见物性、感性和理性的基本架构底蕴，进一步更要打开心眼或慧眼，才有办法点出建筑的觉性、灵性和性灵的文质根性。因此古人曾说：“雅室何须大。”房子适合居住不是在于面积的大小和设备之豪华与否，而是在于与居者的个性品味能否吻合，也就是合乎“钟鼎山林，各适其性”的道理。

虽说建筑师设计的房子是供他人使用，可建筑师总会在有意无意间透过建筑来表达自己，这是人的天性，因此和建筑师有关的这些物性、感性、理性等人性本质就会被灌注到建筑里。感性的建筑师其作品较触动内心感觉企盼，理性的建筑师其作品相对也在呼应知性的觉受。但并非感性的建筑师就一定缺少理性，或理性的建筑师就一定缺少感性；称他感性或理性只因这类人的质有轻重之别，重的被凸显，轻的被忽略；轻重愈明显，其质就愈显单一，作品也容易呈单一性。单一性的建筑争议性较高，总有理性的人说它过于感性、夸张，或感性的人说它太理性、缺少人情味。所以适性与否，便是建筑师和使用者之间最重要的课题。

本质多元的建筑师，其作品也呈现多元层次，和人的关系较为和谐紧密。就像人与人之间的交往，本质界层重叠得愈多，关系就会愈密切。若只是在少数层次如物性上能沟通，其他感性、理性、觉性等层次毫无交集，没多久物性在可见及触碰交流上产生疲乏，关系就淡了。层次多元的建筑，如希腊巴特农神殿等历史上那些伟大建筑，注重物质品味的人不会说它庸俗，感性的人不会说它一点人情味都没有，理性的人也不会说其装饰是多余的，有觉性的人能和它产生共鸣，有灵性的人能和它心意相通，其性灵中的文质根本属性更是永垂不朽；因此，尽管时代变迁，潮流改变，有些伟大建筑的实体也被毁了大半，却还能在人心中留下美好的印象，永远屹立不摇。

也许因长久身处其中，一般人对生活周遭的建筑没有太多感觉；就像家人，你已说不上他好看或不好看，只觉有些问题，却不知道问题在哪，即便常有争执相处并不融洽，也习以为常，不想改善，也无力改善。多数人只有在购屋时才会对建筑略有感觉，而这感觉就像嫁娶一样，开出一堆条件，东挑西选的结果，也不保证能幸福快乐地过生活。因为我们都只在自己的本质层次和基本个性上打转，跳不开来，物性本质的人挑来挑去都在物性层次里，其他层次的人或建筑出现眼前也视若无睹、毫无感觉。

不懂得看人，日子会不好过，但至少我们知道是因人而起的；不懂得看建筑，日子一样不好过，可我们却不知道那是和建筑有关。电视节目不好看，不是因为制作单位做不出好看的节目，而是好看的节目看的人不多。同样的，一个社会的建筑水平不到位，往往不是缺少具专业素养的建筑师，而是缺少有鉴赏能力的社会大众。看建筑不需太用力，用真心去看，或像前面提到的那小女孩，用童心去看，用心眼去看，就能真正照见。

由于对建筑及摄影的喜好，多年来我常跟着张基义、李清志、丁荣生、曾成德、苏睿弼、叶世宗等多位老师到世界各地去看建筑，至今刚好满十年，走访上百个城市、近千座建筑经典。我原本只把它当建筑影像收藏，但整理几回后，总觉得有些数据与心得该被记录下来，此后在整理图档的同时也会顺手书写一些文字。

因篇幅有限，本书仅挑出其中34件当代建筑大师的作品和大家分享，并试着从人性角度依前述六种层次将其分为物性的呈现、感性的传达、理性的组构、觉性的试炼、灵性的触动等五大类。至于第六类性灵层次，因需经时间淬炼，当代建筑中难以找到合适的案例，希腊巴特农神殿堪称这类型的代表，但因不属当代建筑范畴，也就不多作说明。

本书无意在建筑属性上做论证，仅就个人的主观判定提出一种看建筑的方式，借此抛砖引玉，当看建筑的人多了，关心建筑的人多了，我们的社会才可能有更多、更好、更适合人居住使用的建筑出现。

简照玲

# 物性

Part 1

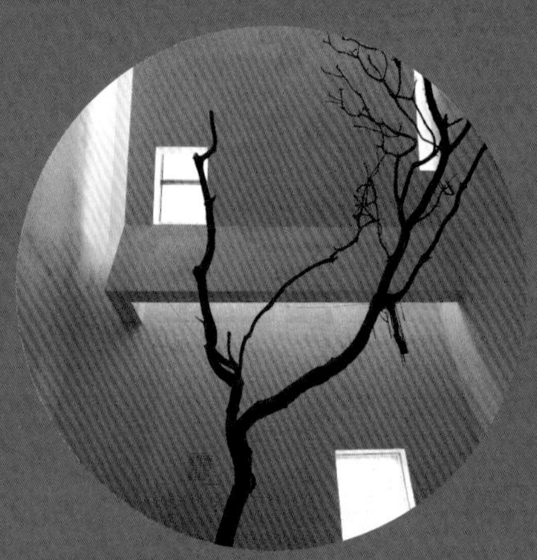

Herzog & de Meuron

1 Prada Store Tokyo

2 Goetz Gullery

3 Beijing National Stadium

Kengo Kuma

4 Great (Bamboo) Wall House

5 Hiroshige Museum of Art

Steven Holl

6 Chapel of St. Ignatius

7 Simmons Hall, MIT

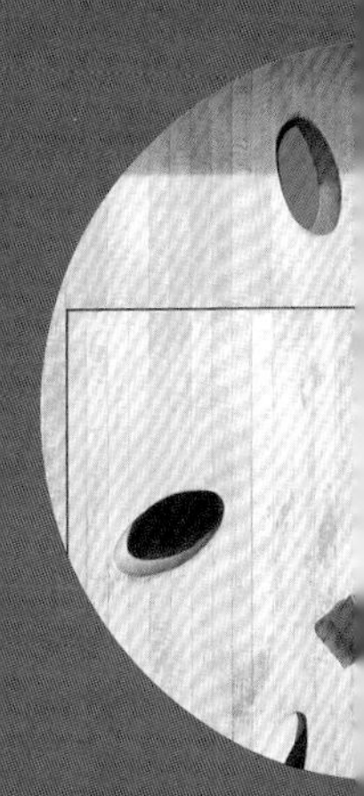

# 物性的呈现

## 建筑的性格

物性层次的建筑，
指的是该建筑透过材料、空间、结构、
光线、水、量体、质地、色彩等基本元素，
激发人的感知，
并引领使用者从物质本性中获取心理所需的愉悦因子。

建筑是由混凝土、玻璃、木材、钢铁、石头、砖块、管线等多种物质元素组构而成的，这些物质除了有支撑、隔屏、隔音、采光等功能之外，也会影响人的觉受，如安藤忠雄的清水混凝土墙，作为隔屏之余，也有沉淀人心的效果。但我们通常不太留意这些材质特性，对建筑、建材、空间、环境的感知堪称迟钝，或许过于灵敏会感到沮丧，或是工作太忙无暇顾及他物，抑或盖房子是建筑师的事与我无关；慢慢地对这些材质、空间就愈来愈没感觉，只管拥有与否，只在意有房产或没房产，对品质的鉴赏能力也就跟着下降。

我们的感官常被情绪、欲望或想法锁住；紧盯着小孩做功课，对洒进屋里的冬阳一点感觉都没有；下班后赶着应酬或接送孩子，哪会注意到夕阳打在红砖墙上有什么特别；整天忙进忙出，“心”都“亡”了，怎么还会有感觉；走在路上无视车水马龙和过往行人，只顾手上那支号称能装载全世界的机子，自然不觉得木地板和磁砖地踩起来有什么不同；看不到眼前随手可及的美好事物，心中只想着那不吃不喝30年也到不了手的“庞然大物”。对物质不能适切地观察和感知，只追逐数字上的变化，如iPhone不断更新换代的1、2、3、4、5、6、7代手机，那么，再多的钱财，也只是受困于物质之中，得不到些许快乐。

物性层次的建筑，指的是该建筑透过材料、空间、结构、光线、水、量体、质地、色彩等基本元素，激发人的感知，并引领使用者从物质本性中获取心理所需的愉悦因子，如木质地板带来温馨，透光玻璃光映照人心，坚韧金属强化抗压能力，清水混凝土沉淀思绪，宽阔空间舒展胸襟，自然景物接引天地，稳定结构安定情绪，丰富色彩则能带来活力。能感受到物质所散发出来对人有益的抽象意涵，才是真正的拥有。

——

**代表建筑物**

青山Prada旗舰店

格列兹美术馆

北京国家体育场

竹屋——长城脚下的公社

广重美术馆

圣伊纳爵教堂

麻省理工学院学生宿舍

www.herzogdemeuron.com

# Herzog & de Meuron

## 赫尔佐格和德梅隆

美是最能感动所有人的，美不必然是和谐、修饰得很体面光亮的事物，
而是那种诱人、迷惑人的，可以从表面探出深度的美。

**设计理念**

将建筑当作了解事物、认识世界的工具，认为建筑师的作品所呈现的是这个世界的模样，也是一个自我的形象。

**代表作品**

1992 | 格列兹美术馆 | 慕尼黑・德国
2003 | 青山Prada旗舰店 | 东京・日本
2005 | 泰特现代美术馆 | 伦敦・英国
2008 | 北京国家体育场 | 北京・中国

**荣获奖项**

2001 | 普利兹克建筑奖
2003 | 史特灵建筑奖
2007 | 高松宫殿下纪念世界文化奖

Jacques Herzog和Pierre de Meuron在建筑界中算是难得的组合。两人的出生、学习经历几乎相同，都是1950年生于瑞士巴塞尔，小学、中学、大学都是同学，1975年同时毕业于苏黎世联邦高等工业大学建筑系，并于1978年创立建筑师事务所，成为搭档至今已超过30个年头，2001年共获普利兹克建筑奖。

20世纪70年代早期，Herzog & de Meuron刚进入苏黎世联邦高等工业大学时，社会学在欧洲的建筑学校里仍占有主导地位，他们的老师也以社会学角度来阐述建筑并告诉他们："无论做什么都不该是建造，相反的，应该思考，应该研究人。"但后来的老师Aldo Rossi看法完全不同，Rossi要他们忘掉社会学，回到建筑，他说："建筑总是并且只是建筑，社会学与心理学永远不能代替它。"这番话对听了两年纯粹的社会学和心理学课程的Herzog & de Meuron来说，无疑是一大震撼。虽然前后两位老师的观点不同，但对Herzog & de Meuron后来的发展其实都有影响。

Herzog & de Meuron把建筑当作了解事物、认识世界的工具，认为建筑师的作品所呈现的是这个世界的模样，也是一个自我的形象。为了理解什么是"建筑"，他们尝试使用各种可能的材料——砖、混凝土、石头、木头、金属、玻璃、文字、图书，甚至颜色和气味。他们不把材料区分等级，当有建筑师说玻璃是当代的终极材料时，他们的看法却是，没有任何材料比其他材料更"当代"。对于材料，他们没有特别的偏好，无论用什么材料，目的都是在寻找建筑与材料之间的特殊相遇。

Herzog曾在一次受访中提到，材料可以定义建筑，同样地，建筑可以展示构造，将材料的"存在"显现出来，吸引人的所有感官，进而成为人们潜意识里的印象。为此，他们刻意减低作品的视觉调性。Herzog觉得大部分人都不太注意建筑，花太多时间在思前想后，就是甚少意识到"当下"，他认为建筑可以帮我们意识到"当下"，建筑应该尽可能地带来快乐和惊奇，并且刺激我们的感知。

尽管Herzog & de Meuron的作品视觉调性较低，但"美"仍是他们创作的最高指导原则。Herzog说："美是最能感动所有人的，美不必然是和谐、修饰得很体面光亮的事物，而是那种诱人、迷惑人的美，如德国哲学家Marcuse所讲的那种从表面探出很多深度的东西。"

# Prada Store Tokyo

## 青山Prada旗舰店

Architects：Herzog & de Meuron Architekten
Location：东京・日本
Completion：2003

位于东京青山的Prada旗舰店，整座楼如水晶般散发着光亮，吸引着人们往它那儿走去

位于东京青山地区的Prada旗舰店，其建筑像他们自家商品一样，会吸引人的目光。尤其到了黄昏，天色渐渐暗去，整座楼如水晶般散发着光亮，街上青年男女像渔船望见灯塔似的自然就往它那儿走去。店前有个小广场，到了这里记得先歇歇，不急着进去，因为东京不缺精品百货，缺的正是这样可以让人驻足的开放空间。

擅长制造精品的Prada明白精品到手之前的购物经验是不容忽视的，自1999年起，便在纽约、东京、洛杉矶、旧金山等四大城市，进行“新概念旗舰店”的设计与发包，就是要让精品购物经验不再只是单纯的购买行为，而是融合建筑、艺术、时尚、文化及生活的全方位体验。至于由谁来设计？跟商品一样关系着品牌，当然得找名家来打造品牌建筑，纽约旗舰店就由Rem Koolhaas设计，青山旗舰店则是交给Herzog & de Meuron。

整座建筑被一层金属和玻璃构成的菱形格网包裹，共840块玻璃，有凹面、凸面，也有平面

基地附近的房子普遍低矮，只有4层左右，而屋与屋又紧密相连，整个区块几乎没什么公共空间。因此，Herzog & de Meuron一开始就决定将所有空间集中做垂直方向扩展，并留下一小块空地给公众使用，这对寸土寸金的东京来说可是十分难得。de Meuron说和以往的建筑理论相比，建筑本身的内在逻辑更为重要。在考虑位置、法规、日照，以及相临建筑之间的协调等因素后，建筑物的外形和表现方式也就随之确定。

整座建筑被一层金属和玻璃构成的菱形格网所包裹，玻璃有凹面，有凸面，也有平面，共840块，每块大小3.2m × 2.0m，多数是透明的，也有半透明的。这些玻璃往往让行经的路人不由自主地往里看，当玻璃凸面向着路人时，路人是被观察、被往后推的，但当玻璃凹面对着路人时，路人可能就会被店里的商品所吸引而走进屋里去。

为了使室内空间更加流畅，建筑师舍弃一般楼层分割的结构系统，而以三个管状体像柱子一样做垂直承载，另有几个水平走向的管状体分散在各个楼层。这些垂直、水平管状体的断面接近菱形，所使用的材料也和建筑外墙的菱形窗格一样都是钢制的，表面同样覆以树脂涂料，颜色和地板及天花板同为乳白色，让结构、空间和外观呈现三位一体的效果。

Herzog & de Meuron不放过任何一个影响室内空间品质的元素，从商品摆放，到衣架设计，他们都参与其中。避免空间的流动性受阻，置放商品的台子比一般店里的都要来得低，空间上也没做特别的分隔，仅以商品台、独立式或悬吊式的衣架，或墙上的搁板等做简单区隔。水平管状体可以当商品展示、VIP室，或更衣室使用，两端的玻璃门可切换为不透明，不过得小心操作，反了可就糗大了。内部空间蛮精彩，可惜不准拍照；当然，美的感受必须亲自体验，这也是商家所期盼的。

# Goetz Gallery

## 格列兹美术馆

Architects：Herzog & de Meuron Architekten
Location：慕尼黑·德国
Completion：1992

有深度的东西外表常显平淡却耐人寻味，正如慕尼黑这座由Herzog & de Meuron设计的格列兹美术馆。它是座私人美术馆，里面收藏着20世纪60年代至今Nauman、Ryman、Twombly、Kounellis、Federle等艺术家的作品。基地位于住宅区内一片绿意盎然的花园里，前方临街以黑色围篱做阻隔，后方有一栋20世纪60年代的老宅。围篱一隅有扇门，门前有条小径，美术馆侧身在小径旁大树后方距围篱数公尺处，平行并背对着街道，入口朝内院，和老宅相望，其间夹着大片草坪，四周缀着白桦和松树。

美术馆外形是个简单的长方体块，材料为半透明磨砂玻璃，中间段没有任何开孔，表层为木质材料

建筑师的设计"非常低调"，简单无奇的房子魅力何在？答案不在外观，却也和外观有关

美术馆外形是个简单的长方体块，三段式带状皮层相当简洁，上下两段各占立面的四分之一，材料为半透明磨砂玻璃，中间段没有任何开孔，表层为木质材料，仅此而已。猜猜有几层？只有上下两层，各有5.5米高。从立面看，中段和上段属上层；由于基地限高，下层有一半嵌入地下，光线就来自立面下段的玻璃，够妙吧！

平面为长方形，上层空间隔成三等分，隔墙开口在同一条线上。下层也一样隔为三份，只是大小不等，开口仍在同一线上。下层两端各有一个夹层，靠入口那端的夹层较大，做办公使用，另一端较小的夹层当花房和置物间，其余包括上层在内都当展厅使用，每个展厅在4米高处和屋顶楼板间皆有带状玻璃让自然光线渗入。楼层分割不如外观及平面简单，其实是和结构有关。上下两层是两个重叠体块，下层为上层的基座，而下层的夹层是结

美术馆侧身在小径旁大树后方，其间夹着大片草坪，四周缀着白桦和松树

构上所需的两根大小不等的钢筋混凝土管，因此展厅不需任何柱子支撑，符合业主要求的“内部空间摒弃任何干扰因素”。

尽管Herzog & de Meuron将美术馆设计得“非常低调”，但还是抵挡不住访客前来参观建筑，不知业主是否乐见。简单无奇的房子魅力何在？答案虽不在外观上，却也和外观有关。本以为多走两步就可以找到什么精彩角度，但绕了园子大半圈，和第一眼看到时差不多，没啥变化。正当我停下脚步稍作休息准备离去时，赫然发现三段式墙面已不再空无一物；云朵飘进了上段，有蓝天衬着；枝叶打影在中段，还不时晃动；小草、大树、阳光、林荫全进了下段，虫鸣鸟叫，嫩草飘香，微风拂面，彷佛听到美术馆和老宅在窃窃私语，正打算细听，却传来友人的叫声“走了”，真是扫兴！

建筑的上层当作展厅使用，每个展厅在4米高处和屋顶楼板间皆有带状玻璃让自然光线渗入

514
519

# Beijing National Stadium

## 北京国家体育场

Architects：Herzog & de Meuron Architekten、中国建筑设计研究院
Location：北京・中国
Completion：2008

人称“鸟巢”的2008北京奥运主场馆，将百炼钢化为绕指柔的样貌相当吸引人，其实“鸟巢”只是观者的联想，并非设计者的本意。为了打造一座专属于中国的奥运主场馆，Herzog & de Meuron和中国建筑设计研究院合作之余，也找来中国当代著名艺术家艾未未，共同探寻所谓的中国元素，并且在事务所墙面上贴满大量的中国文物图片，最后从中国传统文化中的镂空手法，及中国古瓷的冰裂纹路中找到了灵感

北京国家体育场将百炼钢化为绕指柔的样貌相当吸引人，设计灵感来自中国古瓷的冰裂纹路

“有些建筑师对表面与形式感兴趣，有些建筑师则潜心于内部空间或光的使用，但建筑永远是为使用它的人而存在。”Herzog认为人们建造体育场是为了进行和观看体育竞赛，

设计者必须尽可能让观众和运动员有最好的互动，因此“鸟巢”的设计是由内向外推演。在决定以钢为主要材料后，该以什么样貌呈现？那就由材料来决定。Herzog说：“花岗岩山和石灰石山有不同的形状，是因为矿物晶体结构不同，而不是有个造物主想要它长成什么样就什么样。”

建筑结构使用级数够高、有张力、又柔韧，还能抗低温的特殊钢

“鸟巢”长330米，宽220米，高69.2米，外罩是用总长36公里的灰色钢条以编织形式做成的镂空构造体，里面包裹着混凝土造的红色碗状看台。看台由三个独立区块组成，可以承受8级地震，遇紧急状况9分钟内可以疏散全部观众；内设永久座席8万个，临时座席1.1万个，看台间没有任何梁柱阻隔。屋顶构架间有两层膜填充，上面一层是半透明的ETFE薄膜，可显现网格形状；下面是一层半透明的PTFE薄膜，可避免网格投影在场上影响使用者的注意力。原先设计还有一个活动屋顶，但开工后不久，因经费过于庞大，在诸多压力下，建筑师不得不更改设计把屋顶拿掉改为中空，工期因此延误了半年。

看台可承受8级地震，遇紧急状况9分钟内可全员疏散，并设有8万个永久座席，1.1万个临时座席

此设计案的最大难题在于钢构本身，因需承受强大的非传统应力及横向拉力，加上部分构件呈弧状，必须使用级数够高、有张力又柔韧，还能抗低温的特殊钢，这种钢材全世界只有美日等三四个国家能够生产。由于时间相当紧迫，有关单位便将此艰巨任务交由制造三峡船闸、军舰和主战车特殊钢外壳的河南舞阳钢铁公司处理，过程中有诸多专家参与协助，在多次研讨修正后，终于开发成功，并在期限内完成生产任务。

这是个全球瞩目的设计案，可Herzog & de Meuron并未借机将个人情感灌注在建筑里，而是把精力摆放在错综复杂、难度极高的个案“本质”上，使建筑呈现其特有的“物性”，而不是建筑师的个人风格或理念。Herzog说：“建筑就是建筑，建筑不可能像书一样被人阅读，也不像画廊里的画有致谢名单、标题或解说牌。建筑的力量在于观者看到时，那直击人心的效果。”的确，北京奥运主场馆让世人看到了属于它自己独有的那股刚中带柔的超然力量！

11:21:37
BEIJING

www.kkaa.co.jp

# Kengo Kuma

## 隈研吾

理想的建筑是不会让人感觉到它的存在，
只会感觉到大自然。

**设计理念**

将建筑融入周遭环境，并极力深入物性，探索物质的存在方式，发掘物质与人类身体之间的关联。

**代表作品**

1995 | 水／玻璃 | 静冈 · 日本
2001 | 马头町广重美术馆 | 马头町 · 日本
2002 | 竹屋——长城脚下的公社 | 北京 · 中国
2007 | 三得利美术馆 | 东京 · 日本

**荣获奖项**

1997 | AIA美国建筑师公会奖
1997 | 日本JCD设计大赏
2001 | 国际石材建筑大奖

1954年出生于日本神奈川县的隈研吾，小时候就曾跟父亲在家里开“建筑会议”。父亲是三菱矿业的员工，对设计很感兴趣。当时为了大仓山的住家扩建，父亲召集全家人坐下来讨论，想想要怎么做，谁该负责什么，并花许多时间讨论材料。隈研吾对空间、材料有粗浅体验，就是从这栋朴素的住宅开始，他说那种感觉是直观的、无法解释。孩提经验无形中影响着他后来的建筑生涯。

1979年，隈研吾取得东京大学建筑研究所硕士学位。1985年，前往美国哥伦比亚大学建筑·都市计划学系担任客座研究员，原本想研究关于后现代主义的建筑论，结果却写了本极具讽刺与批判的《再见·后现代》回到日本。1990年，成立建筑都市设计事务所。2009年起担任东京大学教授。

隈研吾是个理论与实作并重的建筑家，除了做设计，书写也从未间断。他的设计容易将人引入一种“无我”之境，可文章却是那么的“有我”（我思、我见）且极具批判性；体验过他的建筑作品“竹屋”，再看他的著作《负建筑》，很讶异两者竟是出自同一人。不过，仔细阅读之后发现，他的书写和设计其实是一体两面，也让人见识到建筑设计从“有”到“无”是多么不易。

隈研吾心目中之理想建筑是“不会让人感觉到它的存在，只会感觉到大自然”。为了实现理想，他尝试将建筑融入周遭环境，并极力深入物性，探索物质的存在方式，发掘物质与人类身体之间的关联。他做住宅设计时，会先编造一个故事，想着将来要住在里面的人的心情；同时，也想着材料的问题，想象着材料触摸起来的感觉，想象着材料如何影响心情与想法。因此，体验隈研吾的设计，必须把所有感官都打开，而不是单用眼睛看。

《负建筑》前言里有一段隈研吾发人省思的提问：“在不刻意追求象征意义，不刻意追求视觉需要，也不刻意追求满足占有私欲的前提下，可能出现什么样的建筑模式？如何才能放弃建造所谓“牢固”建筑物的动机？如何才能摆脱所有这些欲望的诱惑？除了高高耸立的、洋洋自得的建筑模式之外，难道就不能有那种伏于地之上，在承受各种外力的同时又不失明快的建筑模式吗？”答案或许就在他的建筑作品里。

# Great (Bamboo) Wall House

## 竹屋——长城脚下的公社

Architects：隈研吾
Location：北京 · 中国
Completion：2002

这座房子叫“竹屋”，因为它是用竹子打造的。在隈研吾的儿时记忆中，有一片竹林，是通往游戏场的必经之地，他说，也许是潜意识作祟，当他接到长城脚下这个设计案时，竹林景象一直在脑中浮现。就这样万里长城和竹屋有了前所未见的结合。

竹屋是“长城脚下的公社”12座住宅当中的一座。公社？光这两字就相当引人好奇。策划者张欣，出生于北京，儿时移居香港，后来留学英国取得剑桥大学经济硕士学位，1995年返回北京，和夫婿潘石屹共创地产公司。37岁那年（2000年）张欣和北京大学

隈研吾的儿时记忆中，
有一片竹林是通往游戏
场的必经之地，这个想
象带来万里长城和竹屋
前所未见的结合

隈研吾决定效法竹林七贤，在竹林里找希望，将今日的中国、亚洲向全世界发出讯息

教授张永和，从北京花了一小时车程，来到长城脚下这块刚取得使用权的基地上，看到这副连树都长不起、无一处是平坦的荒凉景象，心都跟着凉了。不过没多久两人却突发奇想："何不找来12位亚洲杰出的年轻建筑师，让他们各自设计自己喜欢的家！"2002年张欣因此计划案荣获威尼斯双年展"建筑艺术推动大奖"。

隈研吾在其著作《自然的建筑》中提到，在接受张欣和张永和的邀请之前，他对中国建筑的印象其实并不好。他觉得这块土地的边缘上充满了抄袭自美国80年代风格的超高层大楼，并且是二流的抄袭，而将这寂寥的风景进一步扩大生产的，正是那些在自己国家里吃不开的欧美三流设计事务所。不过，当他听了张欣和张永和的热情邀约："不要欧美的三流抄袭，我们想做的计划是，只要集合亚洲生气勃勃的建筑师，把今日的中国、今日的亚

隈研吾认为建筑最终是由细部决定胜负，在事务所旗下一位年轻的印度尼西亚建筑师的细心培育下，“竹屋”终于诞生

洲向全世界发出讯息。”此后，隈研吾决定效法竹林七贤，在竹林里找希望。

竹子多半用在室内的装饰上，很少有人会拿它来做支撑建物的柱子，原因是竹子在干燥后很容易裂开。可隈研吾认为，若只是把竹子当作与大地断了缘的装饰，那么，竹林里那种与大地成为一体，彼此相互支持，既纤细又强中带着柔韧的物性本质就不见了，也不会感动人的。怎么办？把竹子当模子，然后在里面灌入混凝土就行了，隈研吾说这灵感来自称为CFT钢管混凝土的新建筑技术。解决了强度问题，还有耐久性问题，竹子除了要在适当的季节砍下才不易腐朽外，砍下之后还要做热处理。

经由一连串的材料试验，隈研吾的第一栋竹屋是在日本完成的，可不能直接把它搬到长城脚下去吧！他说：“若在任何地方

很少人会将竹子当成支撑建物的柱子，但隈研吾将竹子当模子，在里面灌入混凝土，解决了竹子强度问题，还有耐久性问题

都造出同样的建筑，那就和麦当劳一样了。即使栽植同样的萝卜种子，因天候、土壤环境不同，日本萝卜和中国萝卜也会长得不一样。与其说建筑是工业制品，不如说是较接近萝卜的事物。”隈研吾决定栽种“中国萝卜”，但当土木工程公司把竹子的样品送来，项目经理对竹子的质量不一深感不安，隈研吾倒不以为意，直觉这种不一致或许就是长城生产的“萝卜”也说不定。

一般建筑开发会先将地整平，隈研吾考虑长城脚附近没有任何平坦之地，若是整地，难得的有趣地形将消失无踪，因此师法长城的兴筑，以一个对环境较为友善的方式，不做整地，让建筑物的底部配合地形起伏。此外，这是个海外项目，土地开发商为了节省成本，对海外的建筑师通常只要求提供简单图面，不用到现场，中日皆然，这个案子也不例外。可隈研吾认为建筑最终是由细部决定胜负，若把最重要的事委托给对方，他不懂辛苦设计所为何来！所幸，事务所里有一位来自印度尼西亚的年轻建筑师，名叫卜迪，在设计费只够两人搭机到北京的情况下，自告奋勇前往万里长城担此重任。2002年，“中国萝卜”在印度尼西亚青年的细心培育下终于诞生。

# Hiroshige Museum of Art

## 广重美术馆

Architects：隈研吾
Location：栃木县 · 日本
Completion：2000

初看，无特别之处。你看到河水。以及河的一岸。还有一条奋力逆航而上的小船。还有河上的桥，以及桥上的人们。这些人似乎正逐渐加快脚步，因为雨水始从一朵乌云，倾注而下。

——辛波丝卡《桥上的人们》

这段是描写日本浮世绘画家歌川广重（1797～1858）的版画作品《江户名胜百景》中的一幅《大桥骤雨》，此画因梵高的仿作而著名。歌川广重出生于江户，他的美术馆怎么会在栃木县马头町？起因是

建筑设计灵感来自画家歌川广重知名的浮世绘《大桥骤雨》和《东海道五十三次》中的《庄野》，当中“倾注而下的雨丝”

1995年的阪神大地震，神户青木家的仓库全毁，在瓦砾中发现了明治时代实业家青木藤作收藏的广重画作。青木家家主将这一笔收藏赠给了工作上有往来的马头町，町长允诺建一座美术馆存放这批贵重收藏品。

广重的画，说是风景画，但每幅画里总有人在做些什么：招揽客人、正要下马、扛重物、挑货物、抬轿、抽烟、过桥、洗手、拧干湿衣服、追着被风吹走的草笠、渡河；这些人有的在雪中，有的在狂风中，有的在暴雨中。这样一位擅于描绘季节及人们生活的画家，他的美术馆会是如何？当初得知要设计广重美术馆，隈研吾脑中浮现的是那幅知名的《大桥骤雨》和《东海道五十三次》中的《庄野》。这两幅画里都有“倾注而下的雨”，用笔直线条描绘，所形成的面和

有感于山林中的质感与光影，以及无数交错的枝条形成多层次空间，和“广重的雨”不谋而合，隈研吾决定以当地生产的八沟杉木为主要建材，将它细化、弱化，化作雨丝

桥面、河面、树林、浓雾、乌云，层层相叠。能否将这“雨”带进设计里？隈研吾心中盘算着。

这附近习称八沟山地，生产良质的八沟杉。隈研吾第一次勘察建地就被角落的一座木造仓库给吸引，虽然近乎腐朽，但外部风化的杉板与后山杉林的气味十分相投。有感于山林中的质感与光影变化，以及无数交错着的枝条形成多层次空间，和“广重的雨”不谋而合，隈研吾决定以八沟杉木为主要建材，并且将它细化、弱化，化作雨丝。

如何让木头不燃是个头痛问题。1923年关东大地震之后，日本建筑法规对建筑物的不燃化严格把关，木头都市纷纷变身为混凝土都市。在隈研吾看来，混凝土文明是庸俗粗野的，木头文明是纤细又人性化的。尽管使用杉木建造如雨般的建筑，势必将和法规进行大作战，但为了让自然素材在建筑中复活，他还是豁出去了。

经人建议，隈研吾找到一位研究木材不燃化技术的公务员，没多久就研究出使杉木不燃的方法，由于过去没有实际使用案例，必须进行实物试验。他们为木头的不燃而奔波，和时间竞逐。最后终于拿着一块处理过的杉木，带着忐忑的心情进入建筑中心做试验。万一杉木燃烧起来就得改设计，所剩时间有限，会给相关人员带来极大的麻烦。建筑中心准备了大量的旧报纸，隈研吾越看越不安，因为经过药剂处理的杉木外表丝毫没有改变，真的不会烧起来吗？他几乎就要放弃，一边祈祷，一边等着点火，结果，不用更改设计。

马头町广重美术馆于2000年建成。2013年3月间前去，天气晴朗，阳光从“骤雨”缝中洒落，依稀听见雨水的溅洒声。屋面的木格栅经风吹雨淋日晒，色泽早已退去，几根木头断裂、变形。少了光鲜外衣，不掩自然材质脆弱的一面，反倒诱发出质朴及柔和的气味。

日本建筑法规对建物的不燃化严格把关，如何让木头不燃成了建造广重美术馆的头痛问题。直到以药剂成功处理杉木，才得以完成这间纤细又人性化的木造建筑

www.stevenholl.com

# Steven Holl

## 斯蒂文·霍尔

若一项建筑真的很优秀，人们就会在许多层次上对它有所反应，
包括仍在扶壁行走的小孩。

**设计理念**

光线、质地、细致程度，以及空间重叠等要素的融合，就足以构成一种沉默而具有震撼性的理念。

**代表作品**

1997 | 圣伊纳爵教堂 | 西雅图·美国
1998 | 奇亚斯玛美术馆 | 赫尔辛基·芬兰
2002 | 麻省理工学院学生宿舍 | 剑桥·美国
2007 | 尼尔森阿特金美术馆 | 堪萨斯市·美国
2009 | 北京当代MOMA | 北京·中国

**荣获奖项**

1997 | 美国进步建筑奖
1998 | Alvar Aalto奖章
2010 | 国际建筑奖
2011 | 美国建筑师协会金奖

身为当代建筑现象学理论的执行者，Steven Holl对场所、色彩、光线与建筑的相互关系有其独特的见解，他擅长光的运用，认为“没有光，空间将被遗忘”。Holl喜欢用水彩绘制草图，他说水彩比素描更容易将光的本质由明到暗清楚地描绘。自当建筑师以来，Holl每天必做的功课就是画一幅水彩草图，他还出版过一本名为《Written in Water》的水彩画集。不当建筑师，他或许会成为画家。

1947年，Holl在美国华盛顿州的布雷默顿出生，1971年毕业于华盛顿州立大学建筑系，同年前往意大利罗马进修学习建筑。1976年取得硕士学位后，到纽约创建了自己的建筑事务所。成名之前，Holl曾历经一段艰辛岁月，那时他在大学任教，薪水微薄，住在一间很小且没有热水的屋子，睡在由胶合板临时搭成的床，洗澡只能跑去附近的基督教青年活动中心。

这期间他参加日本的一项竞图，业主不信任地将他晾在一旁，并在半年内找了许多人和他比图，最后不得不承认还是他的方案最好。这样的日子一直持续到1988年，之后他的作品频频获奖，包括Alvar Aalto奖章、美国建筑师协会金奖、美国进步建筑奖等数十项大奖。

Holl是个低调不喜欢张扬的人，尽管已是享誉国际的建筑名家，他还是刻意回避成为明星建筑师。Holl对哲学的本质相当感兴趣，他很努力找出建筑理念的潜在表达能力，认为：“光线、质地、细致程度，以及空间重叠等要素的融合，就足以构成一种沉默而具有震撼性的理念，它远超过那种执着于语言式的设计方式。”

Holl特别重视建筑如何被人们所感知，他说：“若一项建筑真的很优秀，人们就会在许多层次上对它有所反应，这不只局限在有知识的成年人当中，还包括仍在扶壁行走的小孩。我把这视为我的目标，因为这是最真实的挑战。”Holl除了对材料和空间做试验，他还研读了许多书籍，如松尾芭蕉的《奥州小道》，以诗意般的感触，描绘在各段时空逗留时的内心之旅，或是柏格森的《物质与记忆》，以及史坦纳的著作，这些都是Holl的设计理念来源。

# Chapel of St.Ignatius

## 圣伊纳爵教堂

Architects：Steven Holl
Location：西雅图 · 美国
Completion：1997

Steven Holl设计的这座校园里的小教堂，以红、橙、黄、绿、蓝、靛、紫7种彩色光的变化来展现光的特质

光是一种能量，人脆弱的时候极需要光，因此，不管什么教派的教堂，当我们走进去时，最先感受到的也多半是光。人在黑暗中对光特别敏锐，建筑师多以明暗手法来凸显光的存在，较少像StevenHoll设计的这座校园里的小教堂，以颜色变化来展现光的特质。这些红、橙、黄、绿、蓝、靛、紫7种彩色光，分别被放置在7个“光容器”里，代表上帝创世所用的7天。每个光容器的形状不一，朝向也不尽相同，各有各的代表意义；南北向的光容器与小区和学校的活动有关，东西向的光容器则和宗教仪式有关。

光容器上有彩色镜面，天光穿过镜面，再经由墙面上的折射板反照，室内空间因而有了绒毛般柔和的色彩，各种互补色域交织，让人看了心旷神怡

光容器上有彩色镜面，天光穿过镜面，再经由墙面上的折射板反照，室内空间因而有了绒毛般柔和的色彩，各种互补色域交织，让人看了心旷神怡，也提振精神。到了夜晚，室内灯光经由容器向外放射，教堂成了一个发光体照亮着校园。教堂内部红、蓝、绿、金等神秘光池，让人感受光的特质与能量，外部草坪和水池营造出一种平和气息，有安定人心神的作用。

Holl原本打算以“石箱”来装载这7个光容器，后来为了节省成本，改用预铸混凝土板替代。21片预铸混凝土板墙，在基地现场，一天内就竖立完成。圣伊纳爵教堂虽是一个现代的新型态教堂，但里面仍能听见古老教堂的神秘回音。这座教堂有手工打造的质感，让人容易亲近，玻璃记事板、门廊上的小地毯、玻璃灯具都是Holl亲手设计的。Holl说，因为是小教堂，所以可以像布置家里似的打理每个细节。

人对于建筑的经验多半是由视觉开始，看了之后若被吸引，就想进一步接触。靠近后，听觉、嗅觉变得明显，但影响最大的可能是触觉，因为身体是敏感的，即使还没碰触到，也会根据过去经验先有反应。还没碰到墙壁，我们就觉得它是硬实的，如果被那墙面的质感吸引，就会想动手摸摸看，让我们的感觉更精准些。而这一触摸又会形成一种记忆，等到下次再看到类似墙面时，不用触摸身体就会有感觉。我们的建筑体验是以这种方式不断修正，因此圣伊纳爵教堂这类能呈现物质本性的建筑，可以提升我们的觉受能力，让生活多些美好的记忆。

教堂有着手工打造的质感，让人容易亲近，玻璃记事板、门廊上的小地毯、玻璃灯具都是建筑师亲手设计的

# Simmons Hall, MIT

## 麻省理工学院学生宿舍

Architects：Steven Holl
Location：剑桥·美国
Completion：2002

设计需要灵感。对建筑师来说，洗澡都可能是灵感的来源。这栋墙上有许多孔洞的麻省理工学院（MIT）学生宿舍，据说就是Steven Holl某天早晨洗澡时从海绵得来的灵感。海绵上有许多孔洞把水吸了进去再释放出来，形体又回复原状，没有任何减损。MIT学生宿舍吸的可不是水，而是光。白天，将自然光引进；夜里，将室内光外放。日以继夜，光照着每位入住的学生和过往行人。

容纳350位学生使用的宿舍，内设有小型剧场、会议室和餐厅。楼高10层，长382英尺，这样的建筑体